输变电施工现场安全检查作业卡

架空电力线路

国网北京市电力公司经济技术研究院
北京金电联供用电咨询有限公司　编

中国电力出版社
CHINA ELECTRIC POWER PRESS

U0655599

内 容 提 要

《输变电施工现场安全检查作业卡》包括变电站土建与电气设备安装、架空电力线路、电力电缆 3 个分册。本书为《架空电力线路》分册，按检查工序分为 10 章，分别为掏挖基础、灌注桩基础、开挖基础、500kV 及以下悬浮抱杆组塔、500kV 及以下起重机组塔、跨越施工含封网、导地线展放、紧线及附件安装、停电切改、索道运输。

本书可供架空电力线路施工建管、监理及施工单位检查人员学习使用。

图书在版编目（CIP）数据

输变电施工现场安全检查作业卡 . 架空电力线路／国网北京市电力公司经济技术研究院，北京金电联供用电咨询有限公司编 . —北京：中国电力出版社，2019.12

ISBN 978-7-5198-4057-0

Ⅰ．①输…　Ⅱ．①国…②北…　Ⅲ．①输配电—电力工程—工程施工—安全技术②架空线路—输电线路—工程施工—安全技术　Ⅳ．① TM7

中国版本图书馆 CIP 数据核字（2019）第 256898 号

出版发行：中国电力出版社
地　　址：北京市东城区北京站西街 19 号（邮政编码 100005）
网　　址：http://www.cepp.sgcc.com.cn
责任编辑：肖　敏（010-63412363）
责任校对：黄　蓓　常燕昆
装帧设计：张俊霞
责任印制：石　雷

印　　刷：三河市万龙印装有限公司
版　　次：2019 年 12 月第一版
印　　次：2019 年 12 月北京第一次印刷
开　　本：787 毫米 ×1092 毫米　16 开本
印　　张：3.5
字　　数：84 千字
印　　数：0001—1500 册
定　　价：15.00 元

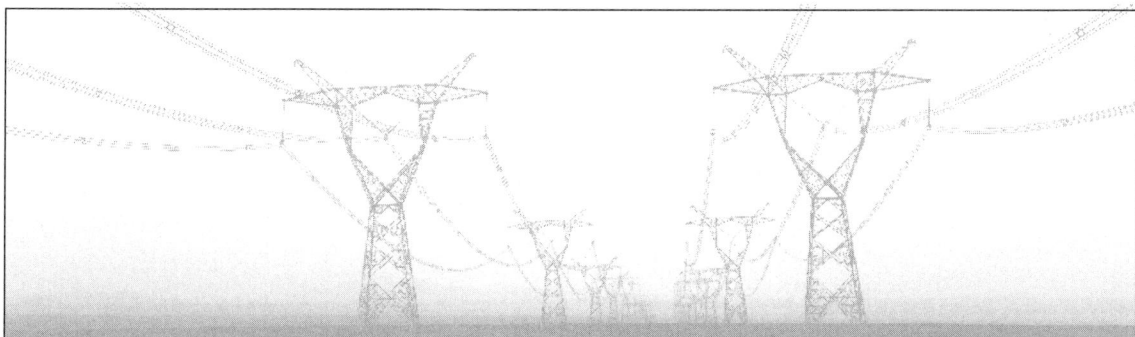

编 委 会

主　　编	邓　华　蔡红军
副 主 编	李　瑛　刘守亮　李志鹏
编写人员	耿军伟　李　聪　张晓颖　陈　波　武　瑶　周　爽
	赵　磊　白　烁　刘卫国　王伟勇　张　健　李翔宇
	祁晓卿　耿　洋　巩晓昕　李　豪
审稿人员	杨宝杰　张春江　胡进辉　刘　畅　王小峰　才忠宾
	马　磊　郭咏翰

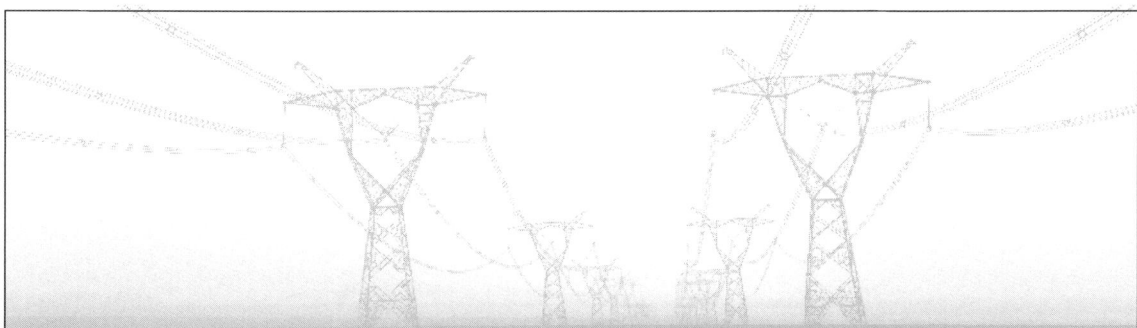

前　言

　　随着我国电网规模不断扩大，各类输变电现场施工任务繁重。国家电网有限公司发布"深化基建队伍改革、强化施工安全管理"十二项配套措施，破解影响输变电施工安全的难题。国网北京市电力公司认真贯彻各项国家安全生产法规制度和国家电网有限公司工作要求，全面落实基建专项改革决策部署，并结合北京地区实际情况，统筹考虑，主动适应，不断完善基建业务管理模式，逐步充实基建队伍资源，全面提升安全管控机制，有效保证了电网长期安全稳定局面，为社会发展提供了安全可靠的电力支撑。

　　国网北京市电力公司作为保障民生和助力首都经济发展的行业龙头，积极响应北京市政府号召，2015 年以来，大力开展北京市城市副中心电力建设、大兴新机场电力建设、"煤改电"清洁能源替换、配电网改造、充电桩建设等各类输变电建设工程。各类现场作业任务繁重，每日作业现场最多 300 余个，作业人员数千人。2015～2018 年，参与北京市输变电施工作业的相关企业超过 700 个，作业人员超过 5 万人。

　　生产作业现场安全检查是输变电施工安全生产监督的基础性工作，将安全检查做深做透，才能及时发现并处理安全隐患，做到安全预防有成效。为了规范输变电施工现场检查人员日常检查工作，增强现场安全检查实效，推动现场安全作业管理水平不断提高，作者参考相关标准、规程、规范及其他规定，结合实际工作经验，组织编写《输变电施工现场安全检查作业卡》，包括变电站土建与电气设备安装、架空电力线路、电力电缆 3 个分册。

　　本书为《架空电力线路》分册，按检查工序分为 10 章，分别为掏挖基础、灌注桩基础、开挖基础、500kV 及以下悬浮抱杆组塔、500kV 及以下起重机组塔、跨越施工含封网、导地线展放、紧线及附件安装、停电切改、索道运输。本书主要由检查表（包括组织措施、人员、设备、安全技术措施等检查内容、标准及结果）、各参建单位及各二级巡检组监督检查情况表组成，可供架空电力线路施工建管、监理及施工单位检查人员学习使用。

　　由于编写人员水平有限，书中难免存在不妥和疏漏之处，恳请广大读者批评指正。

编者

2019 年 10 月

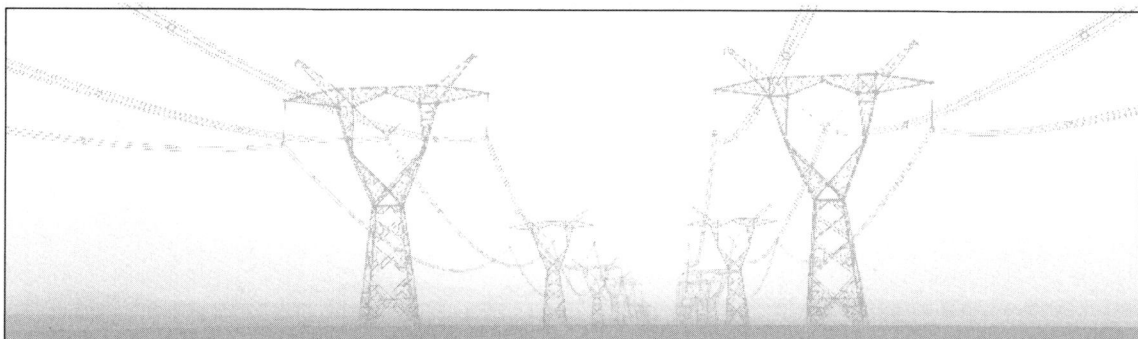

目 录

1

掏挖基础

掏挖基础检查表见表 1-1。

表 1-1 掏挖基础检查表

工程名称： 塔号：

工序	类别	检查内容	检查标准	检查结果		
				施工项目部	监理项目部	业主项目部
掏挖基础	组织措施	现场资料配置	施工现场应留存下列资料： 1. 专项安全施工方案或作业指导书。 2. 交底记录复印件或作业票签字。 3. 安全施工作业票及唱票录音或录像。 4. 输变电工程施工作业风险控制卡	□合格 □不合格	□合格 □不合格	□合格 □不合格
		现场资料要求	1. 作业票的工作内容及施工人员与现场一致。 2. 安全风险识别、评估准确，各项预控措施具有针对性。 3. 作业票全员签字，审批规范，录音完整。 4. 交底内容与施工方案一致	□合格 □不合格	□合格 □不合格	□合格 □不合格
		现场安全文明施工标准化要求	1. 施工区设置安全围栏（围挡）或角旗，与非施工区隔离。 2. 施工区入口处设安全警示牌：①必须戴安全帽；②当心坑洞。 3. 施工现场各掏挖坑口必须规范设置孔洞盖板或有一定阻力硬质围栏并悬挂安全警示牌：当心坑洞。 4. 施工现场发电机必须规范设置安全围栏。 5. 带电设备明显位置设置安全警示牌：当心触电。 6. 现场明显位置设置灭火器，设置安全警示牌：禁止烟火。 7. 施工人员着装统一，正确佩戴安全防护用品。 8. 工器具、材料分类码放整齐	□合格 □不合格	□合格 □不合格	□合格 □不合格
	人员	现场人员配置	1. 施工负责人：1 人。 2. 安全员：1 人。 3. 质量员：1 人。 4. 电工：1 人。 5. 电焊工：1 人。 6. 有限空间作业人员：1~4 人。 7. 其他施工员：4 人	□合格 □不合格	□合格 □不合格	□合格 □不合格
		现场人员要求	1. 项目经理、项目总工、专职安全员应通过公司的基建安全培训和考试合格后持证上岗。 2. 重要岗位和特种作业人员持证上岗（如安全员、质量员、电工、电焊工、有限空间作业人员等）。 3. 施工人员上岗前应进行岗位培训及安全教育并考试合格。	□合格 □不合格	□合格 □不合格	□合格 □不合格

续表

工序	类别	检查内容	检查标准	检查结果		
				施工 项目部	监理 项目部	业主 项目部
掏挖基础	人员	现场人员要求	4. 坑边提土机操作人员系安全带，人员上、下孔使用软梯，电焊工作业必须戴防护眼镜	□合　格 □不合格	□合　格 □不合格	□合　格 □不合格
	设备	现场设备配置	1. 混凝土搅拌机（山区）：1台。 2. 振捣器：1台。 3. 换风机：1台。 4. 气体检测仪：1台。 5. 风镐：4台。 6. 提土机：4台。 7. 电焊机：1台。 8. 发电机：1台。 9. 爬梯：1～4副。 10. 电源箱：1台。 11. 配电箱：4～8台	□合　格 □不合格	□合　格 □不合格	□合　格 □不合格
		现场设备要求	1. 混凝土搅拌机、发电机、提土机、电焊机、换风机设备应检验合格。 2. 外租设备需签订租赁合同及安全协议。 3. 机械进场前应进行检查。 4. 选用机械设备需符合施工方案要求。 5. 提土机必须安装限位器（机械），提土钢丝绳不能有断股、锈蚀，钢丝绳连接不能少于3个绳卡	□合　格 □不合格	□合　格 □不合格	□合　格 □不合格
	安全技术措施	常规要求	1. 夏季配备防暑降温药品，冬季施工配备防寒用品。 2. 夏季雷电天气禁止施工。 3. 雪后及时清理施工现场积雪。 4. 施工过程中设专人指挥、专人监护。 5. 重要施工现场，各级管理人员要根据相关规定严格履行到岗到位	□合　格 □不合格	□合　格 □不合格	□合　格 □不合格
		专项措施	1. 各种施工机械要进行有效接地。 2. 有限空间作业设专人监护。 3. 即时进行有害气体检测。 4. 坑深超过2m，对坑内进行通风换气。 5. 坑口堆土满足距离要求（1.5m），设专人监护，防止塌方。 6. 提土人员系好安全带。 7. 护壁厚度需符合设计要求。 8. 临时电源线架空或埋设，线头禁止裸漏	□合　格 □不合格	□合　格 □不合格	□合　格 □不合格

续表

工序	类别	检查内容	检查标准	检查结果		
				施工项目部	监理项目部	业主项目部
掏挖基础	安全基础设施	施工示意图		□合　格 □不合格	□合　格 □不合格	□合　格 □不合格

施工项目部自查日期：　　　　　　　　　监理项目部检查日期：　　　　　　　　　业主项目部检查日期：

检查人签字：　　　　　　　　　　　　　检查人签字：　　　　　　　　　　　　　检查人签字：

各参建单位及各二级巡检组监督检查情况见表1-2。

表1-2　　　　　　　　　　各参建单位及各二级巡检组监督检查情况

建管单位：	监理单位：	施工单位：
（建设管理、监理、施工单位及各自二级巡检组监督检查情况，应填写检查单位、检查时间、检查人员及检查结果）		

2

灌注桩基础

灌注桩基础检查表见表 2-1。

表 2-1 　　　　　　　　　　　　灌 注 桩 基 础 检 查 表

工程名称：　　　　　　　　　　　　　　　　　　　塔号：

工序	类别	检查内容	检查标准	检查结果		
				施工项目部	监理项目部	业主项目部
灌注桩基础	组织措施	现场资料配置	施工现场应留存下列资料： 1. 专项安全施工方案或作业指导书。 2. 安全风险交底材料：交底记录复印件或作业票签字及读票录音。 3. 安全施工作业票及唱票录音或录像。 4. 输变电工程施工作业风险控制卡	□合　格 □不合格	□合　格 □不合格	□合　格 □不合格
		现场资料要求	1. 作业票的工作内容及施工人员与现场一致。 2. 安全风险识别、评估准确，各项预控措施具有针对性。 3. 作业票全员签字，审批规范，录音完整。 4. 交底内容与施工方案一致。 5. 施工方案编审批手续齐全	□合　格 □不合格	□合　格 □不合格	□合　格 □不合格
		现场安全文明施工标准化要求	1. 施工区设置安全围栏（围挡）或角旗，与非施工区隔离。 2. 施工区入口处设安全警示牌：①必须戴安全帽；②当心坑洞。 3. 施工现场的泥浆池必须规范设置安全围栏并悬挂安全警示牌：当心坑洞。 4. 施工现场发电机必须规范设置安全围栏。 5. 带电设备的明显位置设置安全警示牌：当心触电。 6. 桩机设备设置安全操作规程牌。 7. 现场明显位置设置灭火器，设置安全警示牌：禁止烟火。 8. 施工人员着装统一，正确佩戴安全防护用品。 9. 工器具、材料分类码放整齐	□合　格 □不合格	□合　格 □不合格	□合　格 □不合格
	人员	现场人员配置	1. 施工负责人：1人。 2. 安全员：1人。 3. 质量员：1人。 4. 电工：1人。 5. 钻机或旋挖机工：1～2人。 6. 电焊工：1～2人。 7. 起重机司机：1人。 8. 其他施工员：4人	□合　格 □不合格	□合　格 □不合格	□合　格 □不合格
		现场人员要求	1. 项目经理、项目总工、专职安全员、专职质量员应通过公司的基建安全培训和考试合格后持证上岗。 2. 重要岗位和特种作业人员持证上岗（如安全员、质量员、起重机司机、电工、电焊工等）。	□合　格 □不合格	□合　格 □不合格	□合　格 □不合格

续表

工序	类别	检查内容	检查标准	检查结果		
				施工项目部	监理项目部	业主项目部
灌注桩基础	人员	现场人员要求	3. 施工人员上岗前应进行岗位培训及安全教育并考试合格。 4. 电焊工作业必须戴防护眼镜	□合　格 □不合格	□合　格 □不合格	□合　格 □不合格
	设备	现场设备配置	1. 钻机：1台。 2. 起重机：1台。 3. 电焊机：2台。 4. 发电机：1台。 5. 振捣器：1台。 6. 电源箱：1台。 7. 配电箱：2～4台	□合　格 □不合格	□合　格 □不合格	□合　格 □不合格
		现场设备要求	1. 起重机、钻机、电焊机、发电机、经纬仪应检验合格。 2. 外租设备需签订租赁合同及安全协议。 3. 起重机型号满足施工方案的吊装荷载要求。 4. 机械进场前应进行检查。 5. 选用机械设备需符合施工方案要求	□合　格 □不合格	□合　格 □不合格	□合　格 □不合格
	安全技术措施	常规要求	1. 夏季配备防暑降温药品，冬季施工配备防寒用品。 2. 遇有雷雨、暴雨、浓雾、沙尘暴、五级及以上大风，不得进行吊装和旋挖作业。 3. 在霜冻、雨雪后进行高处作业，人员应采取防冻和防滑措施。 4. 施工过程中设专人指挥、专人监护。重要施工现场，各级管理人员要根据相关规定严格履行到岗到位	□合　格 □不合格	□合　格 □不合格	□合　格 □不合格
		专项措施	1. 钻机或旋挖机地面平整稳固，布置防倾倒措施。 2. 钻机或旋挖机、电焊机要进行有效接地。 3. 泥浆池位置合理，防护到位，警示标志清晰明显，泥浆及时外运，泥浆池及时回填。 4. 临时电源线架空或埋设，线头禁止裸漏。 5. 起重机地面平整稳固，支腿垫木坚硬，配重铁满足吊装及起重机稳定要求，起重机位置满足吊装要求。 6. 现场临近高压线等危险设施的安全措施要满足要求。 7. 钢筋笼吊点应牢固可靠，钢筋笼起吊过程中下方不得有人。 8. 重要施工现场，各级管理人员要到岗到位进行把关	□合　格 □不合格	□合　格 □不合格	□合　格 □不合格

续表

工序	类别	检查内容	检查标准	检查结果		
				施工项目部	监理项目部	业主项目部
灌注桩基础	安全技术措施	施工示意图	机器 护筒 水平地面 钻头	□合　格 □不合格	□合　格 □不合格	□合　格 □不合格

施工项目部自查日期： 　　监理项目部检查日期： 　　业主项目部检查日期：

检查人签字： 　　检查人签字： 　　检查人签字：

各参建单位及各二级巡检组监督检查情况见表 2-2。

表 2-2　　　　　　　　各参建单位及各二级巡检组监督检查情况

建管单位：	监理单位：	施工单位：
（建设管理、监理、施工单位及各自二级巡检组监督检查情况，应填写检查单位、检查时间、检查人员及检查结果） 		

3

开挖基础

开挖基础检查表见表 3-1。

表 3-1　　　　　　　　　　　　开挖基础检查表

工程名称：　　　　　　　　　　　　　　　　　　塔号：

工序	类别	检查内容	检查标准	检查结果		
				施工项目部	监理项目部	业主项目部
开挖基础	组织措施	现场资料配置	施工现场应留存下列资料： 1. 专项安全施工方案或作业指导书。 2. 安全风险交底材料：交底记录复印件或作业票签字。 3. 安全施工作业票及唱票录音或录像。 4. 输变电工程施工作业风险控制卡	□合　格 □不合格	□合　格 □不合格	□合　格 □不合格
		现场资料要求	1. 作业票的工作内容及施工人员与现场一致。 2. 安全风险识别、评估准确，各项预控措施具有针对性。 3. 作业票全员签字，审批规范，录音完整。 4. 交底内容与施工方案一致	□合　格 □不合格	□合　格 □不合格	□合　格 □不合格
		现场安全文明施工标准化要求	1. 施工区设置安全围栏（围挡）或角旗，与非施工区隔离。 2. 施工区入口处设安全警示牌：①必须戴安全帽；②当心坑洞。 3. 施工现场的坑口必须规范设置安全围栏并悬挂安全警示牌：当心坑洞。 4. 施工现场发电机必须规范设置安全围栏。 5. 带电设备的明显位置设置安全警示牌："当心触电！" 6. 生、熟土分开堆放，并使用防尘网覆盖。 7. 施工人员着装统一，正确佩戴安全防护用品。 8. 工器具、材料分类码放整齐	□合　格 □不合格	□合　格 □不合格	□合　格 □不合格
	人员	现场人员配置	1. 施工负责人：1人。 2. 安全员：1人。 3. 质量员：1人。 4. 电工：1人。 5. 挖掘机司机：1人。 6. 其他施工员：10人	□合　格 □不合格	□合　格 □不合格	□合　格 □不合格
		现场人员要求	1. 项目经理、项目总工、专职安全员、专职质量员应通过公司的基建安全培训和考试合格后方可上岗。 2. 重要岗位和特种作业人员持证上岗（如安全员、质量员、电工、挖掘机司机等）。 3. 施工人员上岗前应进行岗位培训及安全教育并考试合格。 4. 混凝土浇筑、振捣人员须佩戴绝缘手套、穿绝缘鞋	□合　格 □不合格	□合　格 □不合格	□合　格 □不合格

续表

工序	类别	检查内容	检查标准	检查结果		
				施工项目部	监理项目部	业主项目部
开挖基础	设备	现场设备配置	1. 挖掘机：1台。 2. 经纬仪：1台。 3. 发电机：1台。 4. 电源箱：1台。 5. 配电箱：2～4台。 6. 振捣器：1台。 7. 木质爬梯：1～4副	□合 格 □不合格	□合 格 □不合格	□合 格 □不合格
		现场设备要求	1. 发电机、经纬仪经检验合格。 2. 外租设备需签订租赁合同及安全协议。 3. 挖掘机经检测合格。 4. 机械进场前检验合格。 5. 选用机械设备需符合施工方案要求	□合 格 □不合格	□合 格 □不合格	□合 格 □不合格
	安全技术措施	常规要求	1. 夏季配备防暑降温药品，冬季施工配备防寒用品。 2. 夏季雷电天气时禁止施工。 3. 雪后及时清理施工现场积雪。 4. 施工过程中设专人指挥、专人监护。 5. 重要施工现场，各级管理人员要根据相关规定严格履行到岗到位	□合 格 □不合格	□合 格 □不合格	□合 格 □不合格
		专项措施	1. 挖掘机、混凝土搅拌车、泵车临近带电线路施工时设专人监护，保持与带电体的安全距离。 2. 混凝土搅拌车与基坑坑壁距离不得小于5m。 3. 各种施工机械要进行有效接地。 4. 临时电源线架空或埋设，线头禁止裸漏。 5. 坑口堆土满足距离要求（1.5m），施工现场应有防塌方措施，放坡或加挡土板，防止塌方，设专人监护。 6. 现场防雨、防暑、防滑等季节性安全措施要保证人员安全	□合 格 □不合格	□合 格 □不合格	□合 格 □不合格
		施工示意图		□合 格 □不合格	□合 格 □不合格	□合 格 □不合格

施工项目部自查日期：　　　　　监理项目部检查日期：　　　　　业主项目部检查日期：

检查人签字：　　　　　　　　　检查人签字：　　　　　　　　　检查人签字：

各参建单位及各二级巡检组监督检查情况见表 3-2。

表 3-2　　　　　　　　　各参建单位及各二级巡检组监督检查情况

建管单位：	监理单位：	施工单位：
（建设管理、监理、施工单位及各自二级巡检组监督检查情况，应填写检查单位、检查时间、检查人员及检查结果）		

4

500kV及以下悬浮抱杆组塔

500kV 及以下悬浮抱杆组塔检查表见表 4-1。

表 4-1　　　　　　　　　500kV 及以下悬浮抱杆组塔检查表

工程名称：　　　　　　　　　　　　　　　　　　　　　塔号：

工序	类别	检查内容	检查标准	检查结果		
				施工项目部	监理项目部	业主项目部
500kV及以下悬浮抱杆组塔	组织措施	现场资料配置	施工现场应留存下列资料： 1. 专项安全施工方案或作业指导书。 2. 交底记录复印件或作业票签字。 3. 安全施工作业票及唱票录音或录像。 4. 输变电工程施工作业风险控制卡	□合格 □不合格	□合格 □不合格	□合格 □不合格
		现场资料要求	1. 施工方案编审批手续齐全，施工负责人正确描述方案主要内容，现场严格按照施工方案执行。 2. 三级及以上风险等级工序作业前，办理"输变电工程安全施工作业票B"，制定"输变电工程施工作业风险控制卡"，补充风险控制措施，并由项目经理签发。 3. 安全风险识别、评估准确，各项预控措施具有针对性。 4. 作业开始前，工作负责人对作业人员进行全员交底，内容与施工方案一致，并组织全员签字。 5. 每天工作前，工作负责人再次通过读票方式进行安全交底，并组织作业人员在作业票上签字。 6. 作业过程中，工作负责人按照作业流程，逐项确认风险控制措施落实情况。 7. 作业票的工作内容、施工人员与现场一致，唱票录音完整	□合格 □不合格	□合格 □不合格	□合格 □不合格
		现场安全文明施工标准化要求	1. 施工区设置安全围栏（围挡）或角旗，与非施工区隔离。 2. 施工区入口处设安全警示牌：①必须戴安全帽；②高处作业必须系安全带；③当心落物。 3. 施工人员着装统一，正确佩戴安全防护用品。 4. 工器具、材料分类码放整齐。 5. 传递工器具使用转向滑轮和绳索	□合格 □不合格	□合格 □不合格	□合格 □不合格
	人员	现场人员配置	1. 施工负责人：1人。 2. 现场指挥：1人。 3. 安全员：1人。 4. 质量员：1人。 5. 高处作业：4人。 6. 绞磨机手：1人。 7. 其他人员：10人	□合格 □不合格	□合格 □不合格	□合格 □不合格

续表

工序	类别	检查内容	检查标准	检查结果		
				施工项目部	监理项目部	业主项目部
500kV及以下悬浮抱杆组塔	人员	现场人员要求	1. 项目经理、项目总工、专职安全员、专职质量员应通过公司的基建安全培训和考试合格后持证上岗。 2. 重要岗位和特种作业人员持证上岗（如安全员、质量员、高处作业人员、绞磨手等）。 3. 施工人员上岗前应进行岗位培训及安全教育并考试合格	□合　格 □不合格	□合　格 □不合格	□合　格 □不合格
	设备	现场设备配置	工器具（抱杆、绞磨、手扳葫芦、地锚、钢丝绳、滑车、卸扣等）、安全设施（全方位安全带、水平安全绳、攀登自锁器、速差自控器等）和计量仪器（经纬仪等），配置信息见表4-3	□合　格 □不合格	□合　格 □不合格	□合　格 □不合格
	设备	现场设备要求	1. 工器具、安全设施和计量仪器的定期检验合格证明齐全，且在有效期内。 2. 工器具、安全设施的进场检查记录齐全、规范。 3. 抱杆连接螺栓应按规定使用，不得以小代大。 4. 抱杆整体弯曲不得超过杆长的1/600。局部弯曲严重、变形、腐蚀、脱焊不得使用。 5. 滑轮、绞磨槽底直径与钢丝绳之比分别不得小于11、10。 6. 钢丝绳卡压板应在钢丝绳主要受力一侧，不得正反设置，间距应不小于钢丝绳直径的6倍。 7. 绳套的插接长度应不小于钢丝绳直径的15倍，且不得小于300mm。 8. 通过滑车及绞磨的钢丝绳不得有接头。 9. 卸扣销轴不得扣在能活动的绳套或索具里。 10. 带负荷停留较长时间时，应采用手拉链或扳手绑扎在起重链上，并采取保险措施	□合　格 □不合格	□合　格 □不合格	□合　格 □不合格
	安全技术措施	常规要求	1. 夏季配备防暑降温药品，冬季施工配备防寒用品。 2. 遇有雷雨、暴雨、浓雾、沙尘暴、六级及以上大风，不得进行高处作业和杆塔组立等作业。 3. 在霜冻、雨雪后进行高处作业，人员应采取防冻和防滑措施。 4. 铁塔组立过程中设专人指挥、专人监护。重要施工现场，各级管理人员要根据相关规定严格履行到岗到位	□合　格 □不合格	□合　格 □不合格	□合　格 □不合格

工序	类别	检查内容	检查标准	检查结果		
				施工项目部	监理项目部	业主项目部
500kV及以下悬浮抱杆组塔	安全技术措施	专项措施	1. 铁塔组立过程中及主材组立后，应及时与接地装置连接。 2. 承托绳与抱杆轴线之间夹角 β 不得大于 $45°$。 3. 禁止超负荷起吊，吊点绳之间夹角 θ 不得大于 $120°$。 4. 杆塔组立过程中，吊件垂直下方不得有人，受力钢丝绳内侧不得有人。 5. 组装杆塔的材料及工器具严禁浮搁在已立的杆塔和抱杆上。 6. 提升抱杆宜设置两道腰环，且间距 H 不得小于 5m，构件起吊过程中抱杆腰环不得受力。 7. 抱杆的临时拉线、承托绳、固定腰环绳等与铁塔的连接，应避免钢丝绳直接缠绕铁塔主材或辅材。钢丝绳与金属构件绑扎处，应衬垫软物。 8. 地锚埋设深度、位置符合施工方案，不得利用树木或外露岩石等承力大小不明物体作为主要受力钢丝绳的地锚。 9. 拉线对地夹角 α 不大于 $45°$，钢丝绳与地锚之间可靠连接，锚固满足要求。 10. 临近高压线施工时保持与带电线路的安全距离，设专人监护	□合格 □不合格	□合格 □不合格	□合格 □不合格
		施工示意图		□合格 □不合格	□合格 □不合格	□合格 □不合格

施工项目部自查日期：　　　　　　监理项目部检查日期：　　　　　　业主项目部检查日期：

检查人签字：　　　　　　　　　　检查人签字：　　　　　　　　　　检查人签字：

各参建单位及各二级巡检组监督检查情况见表 4-2。

表 4-2　　　　　　　　各参建单位及各二级巡检组监督检查情况

建管单位：	监理单位：	施工单位：
（建设管理、监理、施工单位及各自二级巡检组监督检查情况，应填写检查单位、检查时间、检查人员及检查结果）		

表 4-3　　　　　　　　　　现场主要设备配置表

项目	规格和数量			
	110kV	220kV	500kV	高塔（全高大于80m）
抱杆	350mm×350mm×20m，1套	400mm×400mm×25m，1套	500mm×500mm×28m，1套	600mm×600mm×30m，1套
绞磨	5t，1台	5t，1台	5t，1台	5t，1台
磨绳	ϕ13mm×3.2倍塔高，1根	ϕ13mm×3.2倍塔高，1根	ϕ15mm×3.2倍塔高，1根	ϕ15mm×3.2倍塔高，1根
承托绳	ϕ17mm×（4~8m），4根	ϕ17mm×（6~10m），4根	ϕ19mm×（6~10m），4根	ϕ19mm×（6~15m），4根
吊点绳	ϕ15mm×（6~10m），2根	ϕ15mm×（6~10m），2根	ϕ15mm×（6~10m），2根	ϕ15mm×（6~15m），2根
外拉线	ϕ11mm×$\sqrt{2}$×（塔高+20m），4根	ϕ11mm×$\sqrt{2}$×（塔高+20m），4根	ϕ13mm×$\sqrt{2}$×（塔高+20m），4根	ϕ13mm×$\sqrt{2}$×（塔高+20m），4根
控制绳	ϕ11mm×100m，2根	ϕ11mm×100m，2根	ϕ11mm×100m，2根	ϕ11mm×150m，4根
腰环绳	ϕ11mm×（3~5m），4根	ϕ11mm×（3~5m），4根	ϕ11mm×（3~5m），4根	ϕ11mm×（3~8m），4根
手扳葫芦	3t，8个	6t，8个	6t，8个	6t，16个
地锚	7t，1个（机动绞磨）；5t，5个（落地拉线和控制绳）	7t，1个（机动绞磨）；5t，5个（落地拉线和控制绳）	7t，1个（机动绞磨）；5t，5个（落地拉线和控制绳）	7t，1个（机动绞磨）；5t，5个（落地拉线和控制绳）
安全设施	全方位安全带，4套	全方位安全带，4套	全方位安全带，8套	全方位安全带，8套；攀登自锁器，1套；速差自控器，4套
计量仪器	经纬仪，1台	经纬仪，1台	经纬仪，1台	经纬仪，1台；张力仪，2台

5

500kV及以下起重机组塔

500kV 及以下起重机组塔检查表见表 5-1。

表 5-1   500kV 及以下起重机组塔检查表

工程名称：   塔号：

工序	类别	检查内容	检查标准	检查结果		
				施工项目部	监理项目部	业主项目部
500kV 及以下吊车组塔	组织措施	现场资料配置	施工现场应留存下列资料： 1. 专项安全施工方案或作业指导书。 2. 交底记录复印件或作业票签字。 3. 安全施工作业票及唱票录音或录像。 4. 输变电工程施工作业风险控制卡	□合　格 □不合格	□合　格 □不合格	□合　格 □不合格
		现场资料要求	1. 施工方案编审批手续齐全，施工负责人正确描述方案主要内容，现场严格按照施工方案执行。 2. 二级及以下风险等级工序作业前，办理"输变电工程安全施工作业票 A"，明确风险预控措施，并由施工队长签发。 3. 三级及以上风险等级工序作业前，办理"输变电工程安全施工作业票 B"，制定"输变电工程施工作业风险控制卡"，补充风险控制措施，并由项目经理签发。 4. 安全风险识别、评估准确，各项预控措施具有针对性。 5. 作业开始前，项目部工程师对作业人员进行全员交底（全高在 80m 以下时可由项目部质量员交底），内容与施工方案一致，并组织全员签字。 6. 每天工作前，工作负责人再次通过读票方式进行安全交底，并组织作业人员在作业票上签字。 7. 作业过程中，工作负责人按照作业流程，逐项确认风险控制措施落实情况。 8. 作业票的工作内容、施工人员与现场一致，唱票录音完整	□合　格 □不合格	□合　格 □不合格	□合　格 □不合格
		现场安全文明施工标准化要求	1. 施工区设置安全围栏（围挡）或角旗，与非施工区隔离。 2. 施工区入口处设安全警示牌：①必须戴安全帽；②高处作业必须系安全带；③当心落物。 3. 施工人员着装统一，正确佩戴安全防护用品。 4. 工器具、材料分类码放整齐，标识清晰。 5. 传递工器具使用转向滑轮和绳索。 6. 起重机站位需做地基处理，如铺设铁板、夯实地面等	□合　格 □不合格	□合　格 □不合格	□合　格 □不合格
	人员	现场人员配置	1. 施工负责人：1 人。 2. 现场指挥人：1 人。	□合　格 □不合格	□合　格 □不合格	□合　格 □不合格

工序	类别	检查内容	检查标准	检查结果		
				施工项目部	监理项目部	业主项目部
500kV及以下吊车组塔	人员	现场人员配置	3. 安全员：1人。 4. 质量员：1人。 5. 高处作业：4人。 6. 司索工：1人。 7. 其他人员：10人	□合格 □不合格	□合格 □不合格	□合格 □不合格
		现场人员要求	1. 项目经理、项目总工、专职安全员、专职质量员应通过公司的基建安全培训和考试合格后方可上岗。 2. 施工负责人、工作票签发人、工作许可人应经公司安监部门考试合格并备案后方可担任。 3. 重要岗位和特种作业人员持证上岗（如安全员、质量员、高处作业人员、司索工等）。 4. 其他施工人员上岗前应进行岗位培训及安全教育并考试合格	□合格 □不合格	□合格 □不合格	□合格 □不合格
	设备	现场设备配置	大型设备（起重机），工器具（手扳葫芦、地锚、钢丝绳、滑车、卸扣等）、安全设施（全方位安全带、水平安全绳、攀登自锁器、速差自控器等）和计量仪器（经纬仪等），配置信息见表5-3	□合格 □不合格	□合格 □不合格	□合格 □不合格
		现场设备要求	1. 工器具、安全设施和计量仪器的定期检验合格证明齐全，且在有效期内。 2. 工器具、安全设施的进场检查记录齐全、规范。 3. 起重机应设置限位器，安装接地线。 4. 起重机站位准确，不得以小带大，超重起吊。 5. 起重机证件齐全、有效，包括行驶证、操作证、驾驶证、起重机检验证书。 6. 钢丝绳卡压板应在钢丝绳主要受力一侧，不得正反设置，间距应不小于钢丝绳直径的6倍。 7. 绳套的插接长度应不小于钢丝绳直径的15倍，且不得小于300mm。 8. 通过滑车及绞磨的钢丝绳不得有接头。 9. 卸扣销轴不得扣在能活动的绳套或索具里。 10. 有主副钩的起重机，应把不工作的吊钩升到接近极限位置的高度。钩上不准挂其他辅助吊具，不允许两钩同时吊运两个物体	□合格 □不合格	□合格 □不合格	□合格 □不合格
	安全技术措施	常规要求	1. 夏季配备防暑降温药品，冬季施工配备防寒用品。 2. 遇有雷雨、暴雨、浓雾、沙尘暴、六级及以上大风，不得进行高处作业和杆塔组立等作业。 3. 在霜冻、雨雪后进行高处作业，人员应采取防冻和防滑措施。	□合格 □不合格	□合格 □不合格	□合格 □不合格

续表

工序	类别	检查内容	检查标准	检查结果		
				施工项目部	监理项目部	业主项目部
500kV及以下吊车组塔	安全技术措施	常规要求	4. 铁塔组立过程中设专人指挥、专人监护。重要施工现场，各级管理人员要根据相关规定严格履行到岗到位	□合　格 □不合格	□合　格 □不合格	□合　格 □不合格
		专项措施	1. 铁塔组立过程中及主材组立后，应及时与接地装置连接。 2. 起吊重量必须与起重机的臂长、幅度相对应，所用制动器、起吊重量限制器等必须工作良好。 3. 禁止超负荷起吊，吊绳之间夹角 θ 不得大于120°。 4. 杆塔组立过程中，吊件垂直下方不得有人。 5. 组装杆塔的材料及工器具严禁浮搁在已立的杆塔和抱杆上。 6. 遇6级及以上大风时（风速大于等于10.84m/s）必须停止作业。 7. 钢丝绳与金属构件绑扎处，应衬垫软物。 8. 地锚埋设深度、位置符合施工方案，不得利用树木或外露岩石等承力大小不明物体作为主要受力钢丝绳的地锚。 9. 临近高压线施工时保持与带电线路的安全距离，设专人监护。 10. 吊运物件时要稳起稳落。 11. 起重机作业前应对起重机进行全面检查并空载试运转。 12. 起重机工作位置的地基必须稳固，附近的障碍物应清除	□合　格 □不合格	□合　格 □不合格	□合　格 □不合格
		施工示意图		□合　格 □不合格	□合　格 □不合格	□合　格 □不合格

施工项目部自查日期：　　　　　　　　　　监理项目部检查日期：　　　　　　　　　　业主项目部检查日期：

检查人签字：　　　　　　　　　　　　　　检查人签字：　　　　　　　　　　　　　　检查人签字：

各参建单位及各二级巡检组监督检查情况见表 5-2。

表 5-2 各参建单位及各二级巡检组监督检查情况

建管单位:	监理单位:	施工单位:
（建设管理、监理、施工单位及各自二级巡检组监督检查情况，应填写检查单位、检查时间、检查人员及检查结果） 		

表 5-3 现场主要设备配置表

项目	规格和数量			
	110kV	220kV	500kV	高塔（全高大于 80m）
起重机选用序号	①、②	①、②、③	①、②、③、④	①、②、③、④、⑤、⑥
吊点绳	$\phi15mm\times(6\sim10m)$，2 根	$\phi15mm\times(6\sim10m)$，2 根	$\phi15mm\times(6\sim10)$，2 根	$\phi15mm\times(6\sim15m)$，2 根
控制绳	$\phi11mm\times100m$，2 根	$\phi11mm\times100m$，2 根	$\phi11mm\times100m$，2 根	$\phi11mm\times150m$，4 根
手扳葫芦	3t，8 个	6t，8 个	6t，8 个	6t，16 个
安全设施	全方位安全带，4 套	全方位安全带，4 套	全方位安全带，8 套	全方位安全带，8 套 攀登自锁器，1 套 速差自控器，4 套
计量仪器	经纬仪，1 台； 风速仪，1 台	经纬仪，1 台； 风速仪，1 台	经纬仪，1 台； 风速仪，1 台	经纬仪，1 台； 张力仪，2 台； 风速仪，1 台

注　起重机按照徐工品牌为例，各种起重机工况如下。

① 25t 起重机：长 12.38m，宽≤2.5m，高 3.5m；工作幅度 3～6m；起吊重量 5.1～25t，起吊高度 31.5m 以内，主臂＋附臂起吊高度 39.2m，起吊重量 2.5t。

② 50t 起重机：长 12.95m，宽 2.75m，高 3.35m；工作幅度 3～8m；起吊重量 7.5～50t，起吊高度 40.1m 以内，主臂＋附臂起吊高度 56.2m，起吊重量 1.5t。

③ 100t 起重机：长 15.23m，宽 3.00m，高 3.86m；工作幅度 3～8m；起吊重量 15～100t，起吊高度 45m 以内，主臂＋附臂起吊高度 60m，起吊重量 2.5t。

④ 150t 起重机：长 18.73m，宽 4.12m，高 4.25m；工作幅度 3～10m；起吊重量 13.5～150t，起吊高度 58m 以内，主臂＋附臂起吊高度 78m，起吊重量 4t。

⑤ 200t 起重机：长 16.25m，宽 3.00m，高 3.76m；工作幅度 3～11m；起吊重量 17～200t，起吊高度 60m 以内，主臂＋附臂起吊高度 94m，起吊重量 6.4t。

⑥ 250t 起重机：长 15.91m，宽 3.10m，高 4.00m；工作幅度 3～14m；起吊重量 14～250t，起吊高度 66m 以内，主臂＋附臂起吊高度 132m，起吊重量 8.5t。

6

跨越施工含封网

跨越施工含封网检查表见表 6-1。

表 6-1　　　　　　　　　　　跨越施工含封网检查表

工程名称：　　　　　　　　　　　　　　　　　跨越点：

工序	类别	检查内容	检查标准	检查结果		
				施工项目部	监理项目部	业主项目部
跨越施工含封网	组织措施	现场资料配置	施工现场应留存下列资料： 1. 专项安全施工方案或作业指导书，重要跨越施工（高速、电铁、高铁、110kV 及以上带电跨越）需进行专家论证；铁路、高速、省道、国道、通航河流需取得相关单位书面批准。 2. 安全交底材料：交底记录复印件或作业票签字。 3. 安全施工作业票及唱票录音或录像、带电跨越二种票、停电跨越一种票。 4. 输变电工程施工作业风险控制卡	□合　格 □不合格	□合　格 □不合格	□合　格 □不合格
		现场资料要求	1. 施工方案编审批手续齐全，施工负责人正确描述方案主要内容，现场严格按照施工方案执行。 2. 三级及以上风险等级工序作业前，办理"输变电工程安全施工作业票 B"，制定"输变电工程施工作业风险控制卡"，补充风险控制措施，并由项目经理签发。 3. 停电跨越线路施工办理线路一种票，带电跨越线路施工办理线路二种票。并且工作负责人、工作票签发人需经过培训考试合格，相关资料需在现场。 4. 安全风险识别、评估准确，各项预控措施具有针对性。 5. 作业开始前，项目部工程师对作业人员进行全员交底，内容与施工方案一致，并组织全员签字。 6. 每天工作前，工作负责人再次通过读票方式进行安全交底，并组织作业人员在作业票上签字。 7. 作业过程中，工作负责人按照作业流程，逐项确认风险控制措施落实情况。 8. 作业票的工作内容、施工人员与现场一致，唱票录音完整	□合　格 □不合格	□合　格 □不合格	□合　格 □不合格
		现场安全文明施工标准化要求	1. 施工区设置安全围栏（围挡）或角旗，与非施工区隔离。 2. 施工区入口处设安全警示牌：①必须戴安全帽；②高处作业必须系安全带；③当心落物；④当心触电。 3. 施工人员着装统一，正确佩戴安全防护用品。	□合　格 □不合格	□合　格 □不合格	□合　格 □不合格

工序	类别	检查内容	检查标准	检查结果		
				施工项目部	监理项目部	业主项目部
跨越施工含封网	组织措施	现场安全文明施工标准化要求	4. 工器具、材料分类码放整齐，标识清晰。 5. 传递工器具使用转向滑轮和绳索。 6. 停电跨越需使用相应电压等级的验电器及接地线。验电挂接地线必须戴绝缘手套、穿绝缘鞋	□合 格 □不合格	□合 格 □不合格	□合 格 □不合格
	人员	现场人员配置	1. 施工负责人：1人。 2. 现场指挥人：1～2人。 3. 安全员：1～2人。 4. 质量员：1人。 5. 高处作业：4～8人。 6. 绞磨机手：1～2人。 7. 其他人员：10人	□合 格 □不合格	□合 格 □不合格	□合 格 □不合格
		现场人员要求	1. 项目经理、项目总工、专职安全员、专职质量员应通过公司的基建安全培训和考试合格后持证上岗。 2. 重要岗位和特种作业人员持证上岗（如安全员、质量员、高处作业人员、绞磨手等）。 3. 施工人员上岗前应进行岗位培训及安全教育并考试合格	□合 格 □不合格	□合 格 □不合格	□合 格 □不合格
	设备	现场设备、材料配置	工器具（绞磨、手扳葫芦、地锚、钢丝绳、滑车、卸扣、假担、绝缘绳、网片、绝缘杆、封网滑车等）、安全设施（全方位安全带、水平安全绳、攀登自锁器、速差自控器等）、计量仪器（经纬仪、张力仪、风速仪等）、材料（毛竹、杉蒿、钢管等），配置信息见表6-3	□合 格 □不合格	□合 格 □不合格	□合 格 □不合格
	设备	现场设备要求	1. 工器具、安全设施和计量仪器的定期检验合格证明齐全，且在有效期内。 2. 工器具、安全设施的进场检查记录齐全、规范。 3. 抱杆连接螺栓应按规定使用，不得以小代大。 4. 抱杆整体弯曲不得超过杆长的1/600。局部弯曲严重、变形、腐蚀、脱焊不得使用。 5. 滑轮、绞磨槽底直径与钢丝绳之比分别不得小于11、10。 6. 钢丝绳卡压板应在钢丝绳主要受力一侧，不得正反设置，间距应不小于钢丝绳直径的6倍；绳套的插接长度应不小于钢丝绳直径的15倍，且不得小于300mm。 7. 通过滑车及绞磨的钢丝绳不得有接头。 8. 卸扣销轴不得扣在能活动的绳套或索具里。	□合 格 □不合格	□合 格 □不合格	□合 格 □不合格

工序	类别	检查内容	检查标准	检查结果		
				施工项目部	监理项目部	业主项目部
跨越施工含封网	设备	现场设备要求	9. 带负荷停留较长时间时，应采用手拉链或扳手绑扎在起重链上，并采取保险措施。 10. 毛竹、杉篙、钢管等材料规格数量必须满足规范及施工方案中的要求	□合 格 □不合格	□合 格 □不合格	□合 格 □不合格
	安全技术措施	常规要求	1. 夏季配备防暑降温药品，冬季施工配备防寒用品。 2. 遇有雷雨、暴雨、浓雾、沙尘暴、六级及以上大风，不得进行高处作业。 3. 在霜冻、雨雪后进行高处作业，人员应采取防冻和防滑措施。 4. 跨越施工过程中设专人指挥、专人监护。重要施工现场，各级管理人员要根据相关规定严格履行到岗到位。 5. 承托绳与地锚连接处，增加一段钢丝绳，避免被人割断。 6. 地锚埋设需设置防尘层，并做好防水措施，毛钻受力侧需设置挡土板	□合 格 □不合格	□合 格 □不合格	□合 格 □不合格
		专项措施	1. 跨越带电线路，应做好防感应电措施，并对金属跨越与铁塔或大地进行连接。 2. 跨越架距被跨越物距离应 L 应与方案要求一致，并不得小于安规要求及被跨越物相关部门要求。 3. 承托绳与被跨越物之间的垂直距离 H 与方案中要求一致，不得小于安规要求。 4. 承托绳对地夹角 α 不得大于 $45°$，控制在使跨越架受垂直力位置为宜；另需根据方案要求执行。 5. 假担吊装过程中，吊件垂直下方不得有人，受力钢丝绳内侧不得有人。 6. 封网的材料及工器具严禁浮搁在已立的杆塔或跨越架上。 7. 封网宽度需考虑风偏及安全保护距离，且满足方案及安规要求。 8. 假担的临时拉线、承托绳等与铁塔的连接，应避免钢丝绳直接缠绕铁塔主材或辅材。钢丝绳与金属构件绑扎处，应衬垫软物。 9. 地锚埋设深度、位置符合施工方案，不得利用树木或外露岩石等承力大小不明物体作为主要受力钢丝绳的地锚。 10. 拉线对地夹角 β 不大于 $45°$，钢丝绳与地锚之间可靠连接，锚固满足要求。 11. 临近高压线施工时保持与带电线路的安全距离，设专人监护	□合 格 □不合格	□合 格 □不合格	□合 格 □不合格

工序	类别	检查内容	检查标准	检查结果		
				施工项目部	监理项目部	业主项目部
跨越施工含封网	安全技术措施	竹竿、毛竹跨越架搭设示意图（10kV及以下线路、土路、一般水泥路） □涉　及 □不涉及		□合　格 □不合格	□合　格 □不合格	□合　格 □不合格
		竹竿、毛竹、钢管跨越架封网搭设示意图（35kV及以上线路、县道、省道、国道、高速、铁路跨域） □涉　及 □不涉及		□合　格 □不合格	□合　格 □不合格	□合　格 □不合格
		假担封网搭设示意图（35kV及以上线路、县道、省道、国道、高速、铁路跨域） □涉　及 □不涉及		□合　格 □不合格	□合　格 □不合格	□合　格 □不合格
		格构式跨越架封网搭设示意图（35kV及以上线路、县道、省道、国道、高速、铁路跨域） □涉　及 □不涉及		□合　格 □不合格	□合　格 □不合格	□合　格 □不合格

施工项目部自查日期：　　　　　　　　监理项目部检查日期：　　　　　　　　业主项目部检查日期：

检查人签字：　　　　　　　　　　　　检查人签字：　　　　　　　　　　　　检查人签字：

各参建单位及各二级巡检组监督检查情况见表6-2。

表6-2 各参建单位及各二级巡检组监督检查情况

建管单位：	监理单位：	施工单位：
（建设管理、监理、施工单位及各自二级巡检组监督检查情况，应填写检查单位、检查时间、检查人员及检查结果）		

表6-3 现场主要设备配置表

项目	规格和数量			
	10kV及以下线路、一般水泥路土路、跨越	35kV及以上线路、县道、省道、国道、高速、铁路跨域	35kV及以上线路、县道、省道、国道、高速、铁路跨域	35kV及以上线路、县道、省道、国道、高速、铁路跨域
架体	毛竹或杉蒿	毛竹、杉蒿或钢管（带电线路尽量不用钢管）	假担封网、假担与格构跨越架组合封网	格构式跨越架封网
封顶材料	竹竿或杉蒿	绝缘网或结缘杆	绝缘网或结缘杆	绝缘网或结缘杆
承托绳	—	带电跨越：绝缘绳（迪尼玛）非带电跨越：钢丝绳	带电跨越：绝缘绳（迪尼玛）非带电跨越：钢丝绳	带电跨越：绝缘绳（迪尼玛）非带电跨越：钢丝绳
承托绳与地锚连接	—	带电跨越：通过3m钢丝绳套非带电跨越：钢丝绳直接连接	带电跨越：通过3m钢丝绳套非带电跨越：钢丝绳直接连接	带电跨越：通过3m钢丝绳套非带电跨越：钢丝绳直接连接
地锚选择	地钻	地锚或地钻	地锚或地钻	地锚或地钻
手扳葫芦	—	3t	6t	6t
卸扣	—	3t	5t	5t
绳卡	规格根据钢丝绳直径配，3个	规格根据钢丝绳直径配，3个	规格根据钢丝绳直径配，4个	规格根据钢丝绳直径配，4个
安全设施	全方位安全带，8套；攀登自锁器，1套	全方位安全带，8套；攀登自锁器，1套	全方位安全带，16套；攀登自锁器，1套	全方位安全带，16套；攀登自锁器，1套；速差自控器，4套
计量仪器	经纬仪，1台；张力仪，1台	经纬仪，1台；张力仪，1台	经纬仪，1台；张力仪，1台	经纬仪，1台；张力仪，1台

备注：以上数据为常规跨越架基本参数，具体跨越架搭设应按照审查手续完整的方案执行。

7

导地线展放

导地线展放检查表见表 7-1。

表 7-1 导地线展放检查表

工程名称： 塔号：

工序	类别	检查内容	检查标准	检查结果		
				施工项目部	监理项目部	业主项目部
导地线展放	组织措施	现场资料配置	施工现场应留存下列资料： 1. 专项安全施工方案或作业指导书。 2. 交底记录复印件或作业票签字及读票录音。 3. 安全施工作业票及唱票录音或录像。 4. 输变电工程施工作业风险控制卡	□合　格 □不合格	□合　格 □不合格	□合　格 □不合格
		现场资料要求	1. 作业票的工作内容及施工人员与现场一致。 2. 安全风险识别、评估准确，各项预控措施具有针对性。 3. 作业票全员签字，审批规范，录音完整。 4. 交底内容与施工方案一致。 5. 施工方案编审批手续齐全。 6. 施工负责人正确描述方案主要内容	□合　格 □不合格	□合　格 □不合格	□合　格 □不合格
		现场安全文明施工标准化要求	1. 张、牵场及其他施工区设置安全围栏（围挡）或角旗，与非施工区隔离。 2. 施工区入口处设安全警示牌：必须戴安全帽。 3. 张、牵设备设置操作规程牌。 4. 现场明显位置设置灭火器，设置安全警示牌：禁止烟火。 5. 施工人员着装统一，正确佩戴安全防护用品。 6. 工器具、材料分类码放整齐	□合　格 □不合格	□合　格 □不合格	□合　格 □不合格
	人员	现场人员配置	1. 施工负责人：1 人。 2. 现场指挥人：2 人。 3. 安全员：1 人。 4. 质量员：1 人。 5. 高处作业：8 人。 6. 起重机司机：1～2 人。 7. 张力机操作：2 人。 8. 牵引机操作：2 人。 9. 液压工：2 人。 10. 其他人员：10 人	□合　格 □不合格	□合　格 □不合格	□合　格 □不合格
		现场人员要求	1. 项目经理、项目总工、专职安全员、专职质量员应通过公司的基建安全培训和考试合格后持证上岗。 2. 重要岗位和特种作业人员持证上岗（如安全员、质量员、司索工、液压工、高处作业人员、张/牵机手等）。	□合　格 □不合格	□合　格 □不合格	□合　格 □不合格

工序	类别	检查内容	检查标准	检查结果		
				施工项目部	监理项目部	业主项目部
导地线展放	人员	现场人员要求	3. 施工人员上岗前应进行岗位培训及安全教育并考试合格。 4. 张、牵机手作业时必须使用绝缘地垫	□合　格 □不合格	□合　格 □不合格	□合　格 □不合格
	设备	现场设备配置	工器具（张力机、牵引机、经纬仪、液压机、卡线器、手扳葫芦、滑车、机动绞磨、地锚等）、安全设施（全方位安全带、水平安全绳、攀登自锁器、速差自控器等），配置信息见表7-3	□合　格 □不合格	□合　格 □不合格	□合　格 □不合格
		现场设备要求	1. 起重机、经纬仪检验合格。 2. 张力机、牵引机经检验合格。 3. 租赁设备应签订合同及安全协议。 4. 起重机型号满足施工方案的吊装荷载要求。 5. 各种机械、施工工器具进场前检查合格	□合　格 □不合格	□合　格 □不合格	□合　格 □不合格
	安全技术措施	常规要求	1. 夏季配备防暑降温药品，冬季施工配备防寒用品。 2. 遇有雷雨、暴雨、浓雾、沙尘暴、五级及以上大风，不得进行高处作业。 3. 在霜冻、雨雪后进行高处作业，人员应采取防冻和防滑措施。 4. 施工过程中设专人指挥、专人监护。重要施工现场，各级管理人员要根据相关规定严格履行到岗到位	□合　格 □不合格	□合　格 □不合格	□合　格 □不合格
		专项措施	1. 张、牵机必须安装接地滑车。 2. 重要跨越、重要位置滑车二次保护符合施工方案要求。 3. 沿线重要跨越、重要位置监护人员数量满足要求，人员到位。 4. 地锚规格尺寸及埋设深度满足施工方案要求，张、牵机锚固可靠。 5. 牵引钢丝绳及导地线之间连接可靠，设专人检查。 6. 导、地线临时锚固及二次保护满足安全要求。 7. 起重机地面平整稳固，支腿垫木坚硬，配重铁满足吊装及起重机稳定要求，起重机位置满足吊装要求。 8. 现场临近高压线等危险设施的安全措施要满足要求。 9. 通信畅通。 10. 重要施工现场，各级管理人员要到岗到位进行把关	□合　格 □不合格	□合　格 □不合格	□合　格 □不合格

续表

工序	类别	检查内容	检查标准	检查结果		
				施工项目部	监理项目部	业主项目部
导地线展放	安全技术措施	施工示意图		□合 格 □不合格	□合 格 □不合格	□合 格 □不合格

施工项目部自查日期：　　　　　　　监理项目部检查日期：　　　　　　　业主项目部检查日期：

检查人签字：　　　　　　　　　　　检查人签字：　　　　　　　　　　　检查人签字：

各参建单位及各二级巡检组监督检查情况见表 7-2。

表 7-2　　　　　　　　　各参建单位及各二级巡检组监督检查情况

建管单位：	监理单位：	施工单位：
（建设管理、监理、施工单位及各自二级巡检组监督检查情况，应填写检查单位、检查时间、检查人员及检查结果）		

表 7-3　　　　　　　　　　　　现场主要设备配置表

项目	规格和数量		
	一牵一	一牵二	一牵四
大牵引机	—	1 台，P28-1H/1DD	1 台，P28-1H/1DD
大张力机	—	1 台	1 台（四线）
导线放线滑车	—	240 个，ϕ822mm（五轮）	240 个，ϕ822mm（五轮）
导线卡线器	—	120 个，LGJ-630/45。 12 个，LGJ-630/45（死门）	120 个，LGJ-630/45。 12 个，LGJ-630/45（死门）
导引绳	—	12km，ϕ15mm	12km，ϕ15mm
导引绳卡线器	—	4 个，ϕ11～ϕ15mm	4 个，ϕ11～ϕ15mm
地线放线滑车	—	60 个，ϕ508mm（槽底直径为400mm，荷载为 15kN）	60 个，ϕ508mm（槽底直径为400mm，荷载为 15kN）

续表

项目	规格和数量		
	一牵一	一牵二	一牵四
地线卡线器	—	10 个，GJ-100。 4 个，LBGJ-150。 4 个，80-100（打拉线用）	10 个，GJ-100。 4 个，LBGJ-150。 4 个，80-100（打拉线用）
地线蛇皮套	—	12 个，GJ-100。 12 个，150-40AC（铝包钢绞线 JLGJ-150-40AC）	12 个，GJ-100。 12 个，150-40AC（铝包钢绞线 JLGJ-150-40AC）
放线滑车	若干个	—	—
放线接地滑车	2 套（配接地线及接地棒）	—	—
钢板地锚	6 个，3t（带拉棒或锚绳）。2 个，7t	75 个，70kN。10 个，30kN	75 个，70kN。10 个，30kN
钢丝绳	150m，φ13mm	—	—
机动绞磨	2 台，3t	12 台，50kN（柴油发动机）	12 台，50kN（柴油发动机）
抗弯连接器	8 个，3t（应根据实际受力选用）	75 个，50kN。20 个，180kN	75 个，50kN。20 个，180kN
链条葫芦	10 个，3t	50 个，60kN。60 个，30kN	50 个，60kN。60 个，30kN
临锚绳	4 条，φ11mm。包胶 20m；40m	—	—
临时拉线	110 根，GJ-100mm×100m	110 根，GJ-100mm×100m	110 根，GJ-100mm×100m
磨绳	8 根，φ15.5mm×200m	8 根，φ15.5mm×200m	8 根，φ15.5mm×200m
起重滑车	—	80 个，50kN	80 个，50kN
牵引板	—	2 套，一牵二	2 套，一牵四
牵引绳	若干 km，φ13mm 钢丝绳（数量按两区段考虑）	15km，φ28mm	15km，φ28mm
牵引绳卡线器	—	4 个，φ28mm	4 个，φ28mm
双头蛇皮套	—	20 个，LGJ-630/45（导线网套）	20 个，LGJ-630/45（导线网套）
小牵引机	1 台（应根据实际受力选用）	1 台，SA-YQ90	1 台，SA-YQ90
小张力机	1 台，轮直径 1500mm（轮直径不小于 OPGW 直径 70 倍）	1 台，611/040/10	1 台，611/040/10
卸扣	—	50 个，100kN。500 个，50kN	50 个，100kN。500 个，50kN
旋转连接器	2 个，3t（应根据实际受力选用）	25 个，50kN。6 个，180kN	25 个，50kN。6 个，180kN
液压机	8 台，1000kN	8 台，1000kN	8 台，1000kN
安全设施	全方位安全带，8 套；攀登自锁器，1 套	全方位安全带，8 套；攀登自锁器，1 套	全方位安全带，8 套；攀登自锁器，1 套

8

紧线及附件安装

紧线及附件安装检查表见表 8-1。

表 8-1　　　　　　　　　　　　紧线及附件安装检查表

工程名称：　　　　　　　　　　　　　　　　　　　　塔号：

工序	类别	检查内容	检查标准	检查结果		
				施工项目部	监理项目部	业主项目部
紧线及附件安装	组织措施	现场资料配置	施工现场应留存下列资料： 1. 专项安全施工方案或作业指导书。 2. 交底记录复印件或作业票签字及读票录音。 3. 安全施工作业票及唱票录音或录像。 4. 输变电工程施工作业风险控制卡	□合　格 □不合格	□合　格 □不合格	□合　格 □不合格
		现场资料要求	1. 作业票的工作内容及施工人员与现场一致。 2. 安全风险识别、评估准确，各项预控措施具有针对性。 3. 作业票全员签字，审批规范，录音完整。 4. 交底内容与施工方案一致。 5. 施工现场按照施工方案执行	□合　格 □不合格	□合　格 □不合格	□合　格 □不合格
		现场安全文明施工标准化要求	1. 施工区设置安全围栏（围挡）或角旗，与非施工区隔离。 2. 施工区入口处设安全警示牌：①必须戴安全帽；②高处作业必须系安全带；③当心落物。 3. 施工人员着装统一，正确佩戴安全防护用品。 4. 工器具、材料分类码放整齐	□合　格 □不合格	□合　格 □不合格	□合　格 □不合格
	人员	现场人员配置	1. 施工负责人：1人。 2. 现场指挥人：1人。 3. 安全员：1人。 4. 质量员：1人。 5. 高空人员：8人。 6. 绞磨机手：1人。 7. 液压工：1人。 8. 其他人员：10人	□合　格 □不合格	□合　格 □不合格	□合　格 □不合格
		现场人员要求	1. 项目经理、项目总工、专职安全员、专职质量员应通过公司的基建安全培训和考试合格后持证上岗。 2. 重要岗位和特种作业人员持证上岗（如安全员、质量员、液压工、高空人员等）。 3. 施工人员上岗前应进行岗位培训及安全教育并考试合格	□合　格 □不合格	□合　格 □不合格	□合　格 □不合格
	设备	现场设备配置	工器具（绞磨、液压机、经纬仪、手扳葫芦、地锚、滑车、压接平台等）、安全设施（全方位安全带、水平安全绳、攀登自锁器、速差自控器等），配置信息见表 8-3	□合　格 □不合格	□合　格 □不合格	□合　格 □不合格
		现场设备要求	1. 绞磨、液压机、手扳葫芦、经纬仪检验合格。	□合　格 □不合格	□合　格 □不合格	□合　格 □不合格

工序	类别	检查内容	检查标准	检查结果		
				施工项目部	监理项目部	业主项目部
紧线及附件安装	设备	现场设备要求	2. 手扳葫芦、地锚、钢丝绳、滑车选用满足施工方案要求。 3. 机械设备、工器具进场前应检查合格。 4. 具体参数详见附件	□合　格 □不合格	□合　格 □不合格	□合　格 □不合格
	安全技术措施	常规要求	1. 夏季配备防暑降温药品，冬季施工配备防寒用品。 2. 遇有雷雨、暴雨、浓雾、沙尘暴、五级及以上大风，不得进行高处作业。 3. 在霜冻、雨雪后进行高处作业，人员应采取防冻和防滑措施。 4. 施工过程中设专人指挥、专人监护；重要施工现场，各级管理人员要根据相关规定严格履行到岗到位	□合　格 □不合格	□合　格 □不合格	□合　格 □不合格
		专项措施	1. 高处作业人员安全防护用品合格，正确使用。 2. 单侧锚线、紧线必须打好反向受力拉线。 3. 直线附件及耐张断线前做好二次保护。 4. 人员出线前做好防感应电措施。 5. 紧线系统连接可靠。 6. 高处作业设专人监护，保持通信畅通。 7. 现场临近高压线等危险设施的安全措施要满足要求。 8. 重要施工现场，各级管理人员要到岗到位进行把关	□合　格 □不合格	□合　格 □不合格	□合　格 □不合格
		紧线安装示意图		□合　格 □不合格	□合　格 □不合格	□合　格 □不合格
		附件安装示意图				

施工项目部自查日期：　　　　　　　　监理项目部检查日期：　　　　　　　　业主项目部检查日期：

检查人签字：　　　　　　　　　　　　检查人签字：　　　　　　　　　　　　检查人签字：

各参建单位及各二级巡检组监督检查情况见表8-2。

表 8-2   各参建单位及各二级巡检组监督检查情况

建管单位：	监理单位：	施工单位：
（建设管理、监理、施工单位及各自二级巡检组监督检查情况，应填写检查单位、检查时间、检查人员及检查结果） 		

表 8-3   现场主要设备配置表

项目	规格和数量		
	双分裂导线	四分裂导线	六分裂导线
链条葫芦	50 个，30kN	50 个，60kN	50 个，60kN
起重滑车	80 个，50kN	80 个，50kN	80 个，50kN
卸扣	50 个，100kN	50 个，100kN	50 个，100kN
	500 个，50kN	500 个，50kN	500 个，50kN
软梯	10 把，10m 以上	10 把，10m 以上	10 把，10m 以上
临时接地线	4 组	4 组	4 组
验电器	1 个，220kV	1 个，220kV	1 个，220kV
	1 个，10kV	1 个，10kV	1 个，10kV
提线钩	2 线提线钩，20 套	2 线提线钩，20 套	3 线提线钩，20 套
绝缘绳	10km×ϕ10mm（迪尼玛绳）	10km×ϕ10mm（迪尼玛绳）	10km×ϕ10mm（迪尼玛绳）
	50km×ϕ4mm（迪尼玛绳）	50km×ϕ4mm（迪尼玛绳）	50km×ϕ4mm（迪尼玛绳）
导线卡线器	120 个，LGJ-630/45	120 个，LGJ-630/45	120 个，LGJ-630/45
	12 个，LGJ-630/45（死门）	12 个，LGJ-630/45（死门）	12 个，LGJ-630/45（死门）
地线卡线器	10 个，GJ-100	10 个，GJ-100	10 个，GJ-100
	4 个，LBGJ-150	4 个，LBGJ-150	4 个，LBGJ-150
	4 个，80-100（打拉线用）	4 个，80-100（打拉线用）	4 个，80-100（打拉线用）
机动绞磨	12 台，50kN（柴油发动机）	12 台，50kN（柴油发动机）	12 台，50kN（柴油发动机）
液压机	8 台，1000kN	8 台，1000kN	8 台，1000kN
安全设施	全方位安全带，8 套；攀登自锁器，1 套	全方位安全带，8 套；攀登自锁器，1 套	全方位安全带，8 套；攀登自锁器，1 套
计量仪器	经纬仪，1 台	经纬仪，1 台	经纬仪，1 台

9

停电切改

停电切改检查表见表 9-1。

表 9-1 停 电 切 改 检 查 表

工程名称： 塔号：

工序	类别	检查内容	检查标准	检查结果		
				施工项目部	监理项目部	业主项目部
停电切改	组织措施	现场资料配置	施工现场应留存下列资料： 1. 停电施工方案。 2. 交底记录复印件或作业票签字。 3. 停电作业第一种票、工作任务单、风险控制卡及唱票录音或录像	□合 格 □不合格	□合 格 □不合格	□合 格 □不合格
		现场资料要求	1. 停电作业第一种票的工作内容及施工人员与现场一致。 2. 明确电压等级、路名、色标、起止杆号、挂接地线具体杆号和位置。 3. 明确保留线路名称。 4. 明确监护人、要令人。 5. 安全风险识别、评估准确，各项预控措施具有针对性。 6. 许可人、签发人、负责人、施工全员签字，流程规范。 7. 工作期间，工作负责人随身携带工作票。 8. 作业票下设多个小组工作，使用工作任务单。 9. 交底内容与施工方案一致。 10. 唱票录音完整	□合 格 □不合格	□合 格 □不合格	□合 格 □不合格
		现场安全文明施工标准化要求	1. 施工区规范设置安全警示标识（安全提示报警灯）。 2. 杆塔带电侧悬挂安全警示牌：有电危险，禁止攀登。 3. 施工人员着装统一，正确佩戴安全防护用品及登杆证（带色标）。 4. 工器具、材料分类码放整齐	□合 格 □不合格	□合 格 □不合格	□合 格 □不合格
	人员	现场人员配置	1. 施工负责人：1 人。 2. 安全员：2 人。 3. 高处作业人员：4～6 人（验电、挂地线）	□合 格 □不合格	□合 格 □不合格	□合 格 □不合格
		现场人员要求	1. 项目经理、项目总工、专职安全员、专职质量员应通过公司的基建安全培训和考试合格后方可上岗。 2. 施工负责人、工作票签发人、工作许可人应经公司安监部门考试合格并备案后方可担任。 3. 重要岗位和特种作业人员持证上岗（如安全员、高处作业人员等）。 4. 其他施工人员上岗前应进行岗位培训及安全教育并考试合格。 5. 挂拆地线人员必须戴绝缘手套	□合 格 □不合格	□合 格 □不合格	□合 格 □不合格

续表

工序	类别	检查内容	检查标准	检查结果		
				施工项目部	监理项目部	业主项目部
停电切改	设备	现场设备配置	安全设施（验电器、接地线、闸杆、绝缘手套等），配置信息见表 9-3	□合 格 □不合格	□合 格 □不合格	□合 格 □不合格
		现场设备要求	1. 验电器、接地线、闸杆、绝缘手套检验合格。 2. 验电器进行现场测试。 3. 接地线现场检查编号。 4. 绝缘手套检查是否漏气	□合 格 □不合格	□合 格 □不合格	□合 格 □不合格
	安全技术措施	常规要求	1. 夏季配备防暑降温药品，冬季施工配备防寒用品。 2. 遇有雷雨、暴雨、浓雾、沙尘暴、五级及以上大风，禁止施工作业。 3. 在霜冻、雨雪后进行高处作业，人员应采取防冻和防滑措施。 4. 停电过程过程中设专人指挥、专人监护。重要施工现场，各级管理人员要根据相关规定严格履行到岗到位	□合 格 □不合格	□合 格 □不合格	□合 格 □不合格
		专项措施	1. 停电施工电压等级、路名、色标、起始杆号、挂接地线具体位置与现场相符。 2. 现场警示牌或语音提示灯悬挂位置明确。 3. 停电登杆作业人员安全防护用品合格，正确使用，验电、挂接地线程序符合要求。 4. 现场防感应电措施满足要求	□合 格 □不合格	□合 格 □不合格	□合 格 □不合格
		施工示意图		□合 格 □不合格	□合 格 □不合格	□合 格 □不合格

施工项目部自查日期：　　　　　　监理项目部检查日期：　　　　　　业主项目部检查日期：

检查人签字：　　　　　　　　　　检查人签字：　　　　　　　　　　检查人签字：

各参建单位及各二级巡检组监督检查情况见表9-2。

表9-2 各参建单位及各二级巡检组监督检查情况

建管单位:	监理单位:	施工单位:
（建设管理、监理、施工单位及各自二级巡检组监督检查情况，应填写检查单位、检查时间、检查人员及检查结果） 		

表9-3 现场主要设备配置表

项目	规格和数量			
	电压 35kV	电压 110kV	电压 220kV	电压 500kV
验电器	电压 35kV，2 根	电压 110kV，2 根	电压 220kV，2 根	电压 500kV，2 根
闸杆	电压 35kV，2 根	电压 110kV，2 根	电压 220kV，2 根	电压 500kV，2 根
接地线	$21mm^2$，12 条	$21mm^2$，12 条	$21mm^2$，12 条	$21mm^2$，12 条
绝缘手套	4 副	4 副	4 副	4 副
安全设施	全方位安全带，4 套	全方位安全带，4 套	全方位安全带，4 套	全方位安全带，4 套

10

索道运输

索道运输检查表见表10-1。

表10-1　　　　　　　　索道运输检查表

工程名称：　　　　　　　　　　　　　　　塔号：

工序	类别	检查内容	检查标准	检查结果		
				施工项目部	监理项目部	业主项目部
索道运输	组织措施	现场资料配置	施工现场应留存下列资料： 1. 专项安全施工方案或作业指导书。 2. 交底记录复印件或作业票签字。 3. 安全施工作业票及唱票录音或录像。 4. 输变电工程施工作业风险控制卡	□合　格 □不合格	□合　格 □不合格	□合　格 □不合格
		现场资料要求	1. 作业票的工作内容及施工人员与现场一致。 2. 安全风险识别、评估准确，各项预控措施具有针对性。 3. 作业票全员签字，审批规范，录音完整。 4. 交底内容与施工方案一致。 5. 施工方案编审批手续齐全。 6. 主要施工方案现场备存。 7. 施工负责人正确描述方案主要内容	□合　格 □不合格	□合　格 □不合格	□合　格 □不合格
		现场安全文明施工标准化要求	1. 施工区域设置安全围栏（围挡）或角旗，与非施工区隔离。 2. 施工区入口处设安全警示牌：①必须戴安全帽；②高处作业必须系安全带；③当心落物；④施工运输区域内不得有人。 3. 施工人员着装统一，正确佩戴安全防护用品。 4. 工器具、材料分类码放整齐	□合　格 □不合格	□合　格 □不合格	□合　格 □不合格
	人员	现场人员配置	1. 施工负责人：1人。 2. 现场指挥人：1人。 3. 安全员：1人。 4. 质量员：1人。 5. 高处作业：4人。 6. 索道运输机械操作工：4人。 7. 其他人员：10人	□合　格 □不合格	□合　格 □不合格	□合　格 □不合格
		现场人员要求	1. 项目经理、项目总工、专职安全员、专职质量员应通过公司的基建安全培训和考试合格后方可上岗。 2. 重要岗位和特种作业人员持证上岗（如安全员、质量员、索道运输机械操作工等）。 3. 施工人员上岗前应进行岗位培训及安全教育并考试合格	□合　格 □不合格	□合　格 □不合格	□合　格 □不合格
	设备	现场设备配置	工器具（牵引机、承载索、运载小车、手扳葫芦、钢丝绳、滑车、牵引索、承托挂具工器具抱杆、绞磨、地锚、钢丝绳、滑车、卸扣等）、安全设施（全方位安全带），配置信息见表10-3	□合　格 □不合格	□合　格 □不合格	□合　格 □不合格

工序	类别	检查内容	检查标准	检查结果		
				施工项目部	监理项目部	业主项目部
索道运输	设备	现场设备要求	1. 工器具、安全设施进场检查合格。 2. 工器具连接螺栓应按规定使用，不得以小代大。 3. 运载小车如有局部裂痕、变形、腐蚀、脱焊现场严禁使用。 4. 钢丝绳卡压板应在钢丝绳主要受力一侧，不得正反设置，间距应不小于钢丝绳直径的6倍。 5. 绳套的插接长度应不小于钢丝绳直径的15倍，且不得小于300mm。 6. 卸扣销轴不得扣在能活动的绳套或索具里。 7. 带负荷停留较长时间时，应采用手拉链或扳手绑扎在起重链上，并采取保险措施	□合 格 □不合格	□合 格 □不合格	□合 格 □不合格
	安全技术措施	常规要求	1. 夏季配备防暑降温药品，冬季施工配备防寒用品。 2. 遇有雷雨、暴雨、浓雾、沙尘暴、五级及以上大风，需立即停止施工作业。 3. 在霜冻、雨雪后进行高处作业，人员应采取防冻和防滑措施。 4. 索道运输过程中设专人指挥、专人监护。重要施工现场，各级管理人员要根据相关规定严格履行到岗到位	□合 格 □不合格	□合 格 □不合格	□合 格 □不合格
		专项措施	1. 禁止超负荷运输，运输重量要求在承受范围内。 2. 索道运输过程中，吊件垂直下方不得有人，受力钢丝绳内侧不得有人。 3. 运输铁塔及其他重物过程中，不得在重物上悬挂其他物品。 4. 卷扬机的临时拉线连接地锚必须牢固，且做双层拉线。 5. 地锚埋设深度、位置符合施工方案，不得利用树木或外露岩石等承力大小不明物体作为主要受力钢丝绳的地锚。 6. 拉线对地夹角 α 不大于45°，钢丝绳与地锚之间可靠连接，锚固满足要求。 7. 在承重状态下，跨越土路、村间公路最小垂直净空距离不小于8m。 8. 运输索道仰角一般规定在30°以下，最大不得超过45°	□合 格 □不合格	□合 格 □不合格	□合 格 □不合格

工序	类别	检查内容	检查标准	检查结果		
				施工项目部	监理项目部	业主项目部
索道运输	安全技术措施	施工示意图	 支撑架 转向滑车 牵引索 主承力索 山体 辅承力索 5t地锚 动力系统	□合格 □不合格	□合格 □不合格	□合格 □不合格

施工项目部自查日期：　　　　　　　　监理项目部检查日期：　　　　　　　　业主项目部检查日期：

检查人签字：　　　　　　　　　　　　检查人签字：　　　　　　　　　　　　检查人签字：

各参建单位及各二级巡检组监督检查情况见表 10-2。

表 10-2　　　　　　　　　　各参建单位及各二级巡检组监督检查情况

建管单位：	监理单位：	施工单位：
（建设管理、监理、施工单位及各自二级巡检组监督检查情况，应填写检查单位、检查时间、检查人员及检查结果）		

表 10-3　　　　　　　　　　　　现场主要装备配置表

项目	规格和数量		
	索道载荷 1000（kg）	索道载荷 2000（kg）	索道载荷 4000（kg）
承载索	1 条，ϕ18mm （张力设定 15～34）	1 条，ϕ24mm （张力设定 25～55）	2 条，ϕ24～ϕ28mm （张力设定 25～55）
牵引索	1 条，ϕ13mm （张力设定 15～34）	1 条，ϕ16mm （张力设定 25～55）	2 条，ϕ16～ϕ18mm （张力设定 25～55）
索道支架	横梁下压力 80kN，横梁水平力 12kN，单柱下压力 60kN，人字形单根支柱轴向压力 30kN	横梁下压力 150kN，横梁水平力 22kN，单柱下压力 100kN，人字形单根支柱轴向压力 50kN	横梁下压力 260kN，横梁水平力 40kN，单柱下压力 170kN，人字形单根支柱轴向压力 90kN

续表

项目	规格和数量		
	索道载荷 1000（kg）	索道载荷 2000（kg）	索道载荷 4000（kg）
索道牵引机	8 台（最小载荷时最快速度 60～80m/min，运输时正常载荷时速度 32～40m/min，正常牵引力 10kN，卷筒底径 260mm）	8 台（最小载荷时最快速度 60～80m/min，运输时正常载荷时速度 32～40m/min，正常牵引力 20kN，卷筒底径 280mm）	8 台（最小载荷时最快速度 60～80m/min，运输时正常载荷时速度 32～40m/min，正常牵引力 40kN，卷筒底径 320mm）
承载鞍座	15 副	15 副	15 副
回线鞍座	15 副	15 副	15 副
单轮运载小车	30 辆	30 辆	30 辆
双轮运载小车	15 辆	15 辆	15 辆
门型架	2m 标准节，53 套	2m 标准节，53 套	2m 标准节，53 套
门型架底座	30 块	30 块	30 块
门型架上盖	30 块	30 块	30 块
横梁	3m 长，30 套	3m 长，30 套	3m 长，30 套
地锚（小型工器具）	30t，15 只。10t，33 只。5t，105 只	30t，15 只。10t，33 只。5t，105 只	30t，15 只。10t，33 只。5t，105 只
光面钢丝绳（小型工器具）	ϕ11mm，1500m。ϕ16mm，15700m。ϕ26mm，11800m	ϕ11mm，1500m。ϕ16mm，15700m。ϕ26mm，11800m	ϕ11mm，1500m。ϕ16mm，15700m。ϕ26mm，11800m
防扭钢丝绳（小型工器具）	YL9-12，19W，1500m	YL9-12，19W，1500m	YL9-12，19W，1500m
拉力表（小型工器具）	20t，15 只	20t，15 只	20t，15 只
转向滑车（小型工器具）	5t，30 只。ϕ9～ϕ11mm，5 只。ϕ16mm，10 只	5t，30 只。ϕ9～ϕ11mm，5 只。ϕ16mm，10 只	5t，30 只。ϕ9～ϕ11mm，5 只。ϕ16mm，10 只
卡线器	ϕ26mm，20 只	ϕ26mm，20 只	ϕ26mm，20 只
卸扣（小型工器具）	DG20，65 只。DG5，125 只	DG20，65 只。DG5，125 只	DG20，65 只。DG5，125 只
承托绳锚线器	5 个	5 个	5 个
横梁上盖	15 块	15 块	15 块
手扳葫芦	20t，10 只	20t，10 只	20t，10 只
手拉葫芦	20t×6m，5 只；5t×3m，10 只；3t×3m，10 只	20t×6m，5 只；5t×3m，10 只；3t×3m，10 只	20t×6m，5 只；5t×3m，10 只；3t×3m，10 只
三轮滑车	15t，5 只	15t，5 只	15t，5 只
安全设施	全方位安全带，4 套	全方位安全带，4 套	全方位安全带，4 套